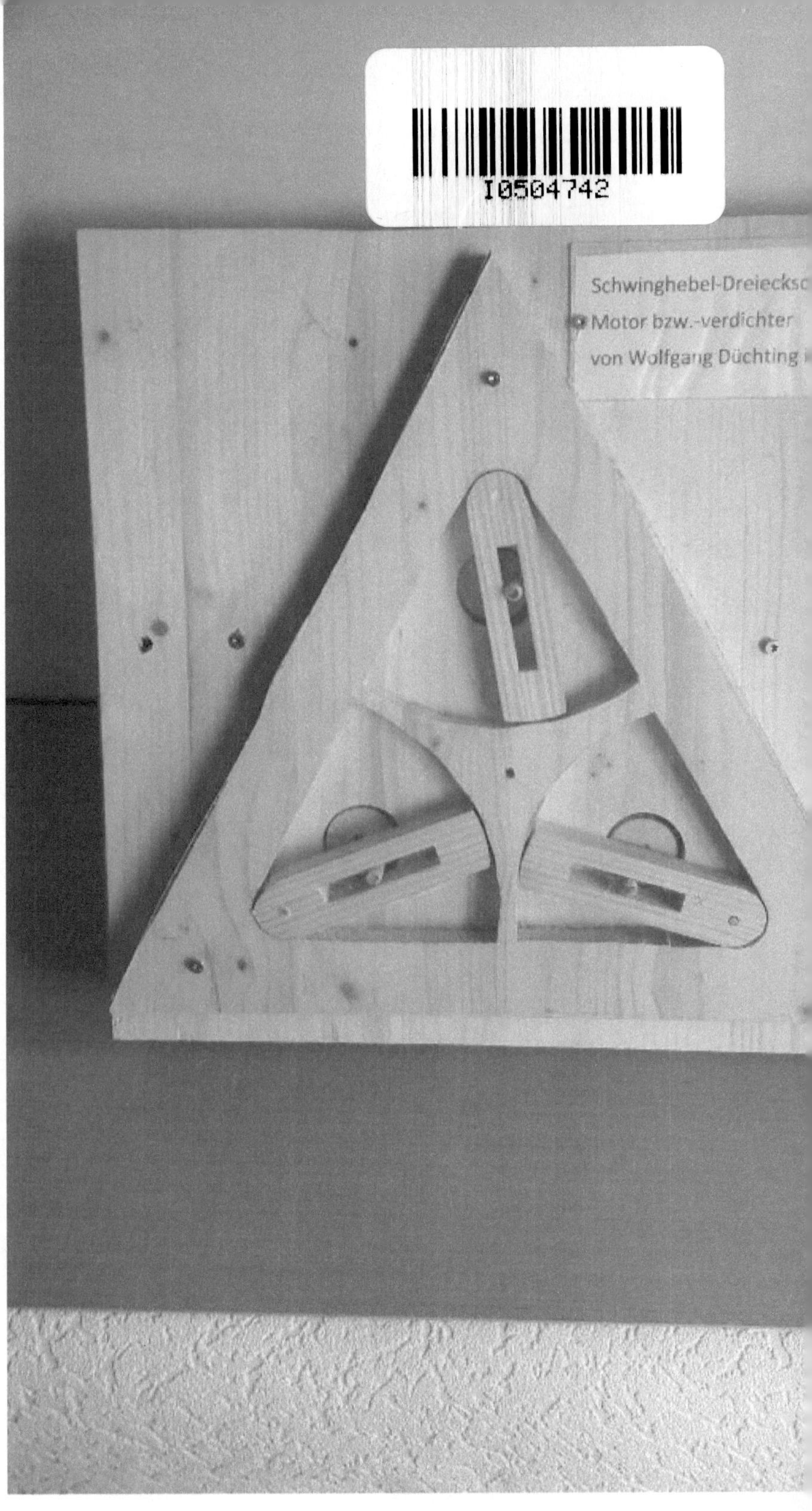

Schwinghebel-Dreiecksc

Motor bzw.-verdichter

von Wolfgang Düchting

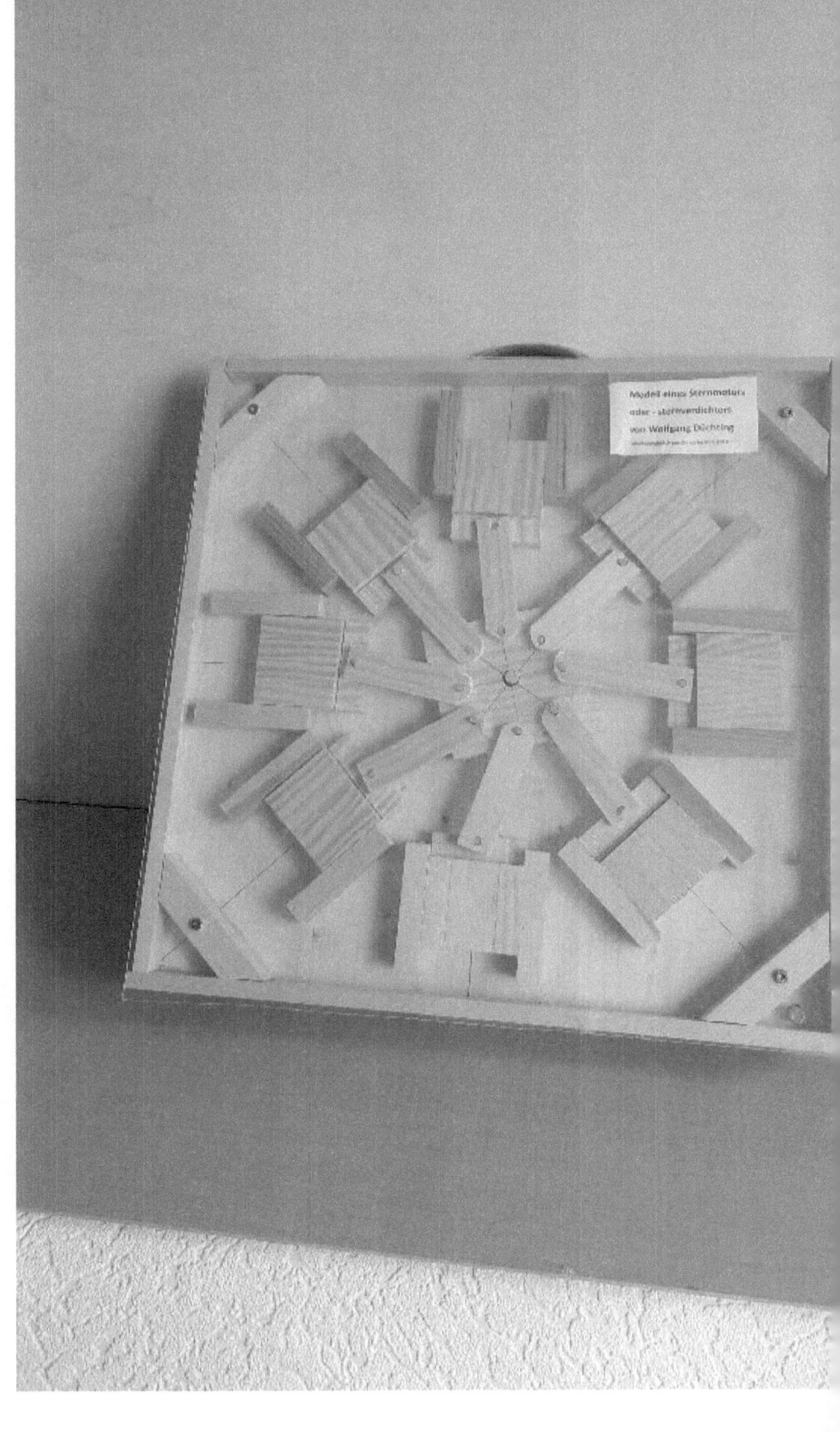

Modell eines Sternrotors
oder - sternverdichters
von Wolfgang Düchting

3*120 Grad Kolbenläufermotor – bzw. -verdichter

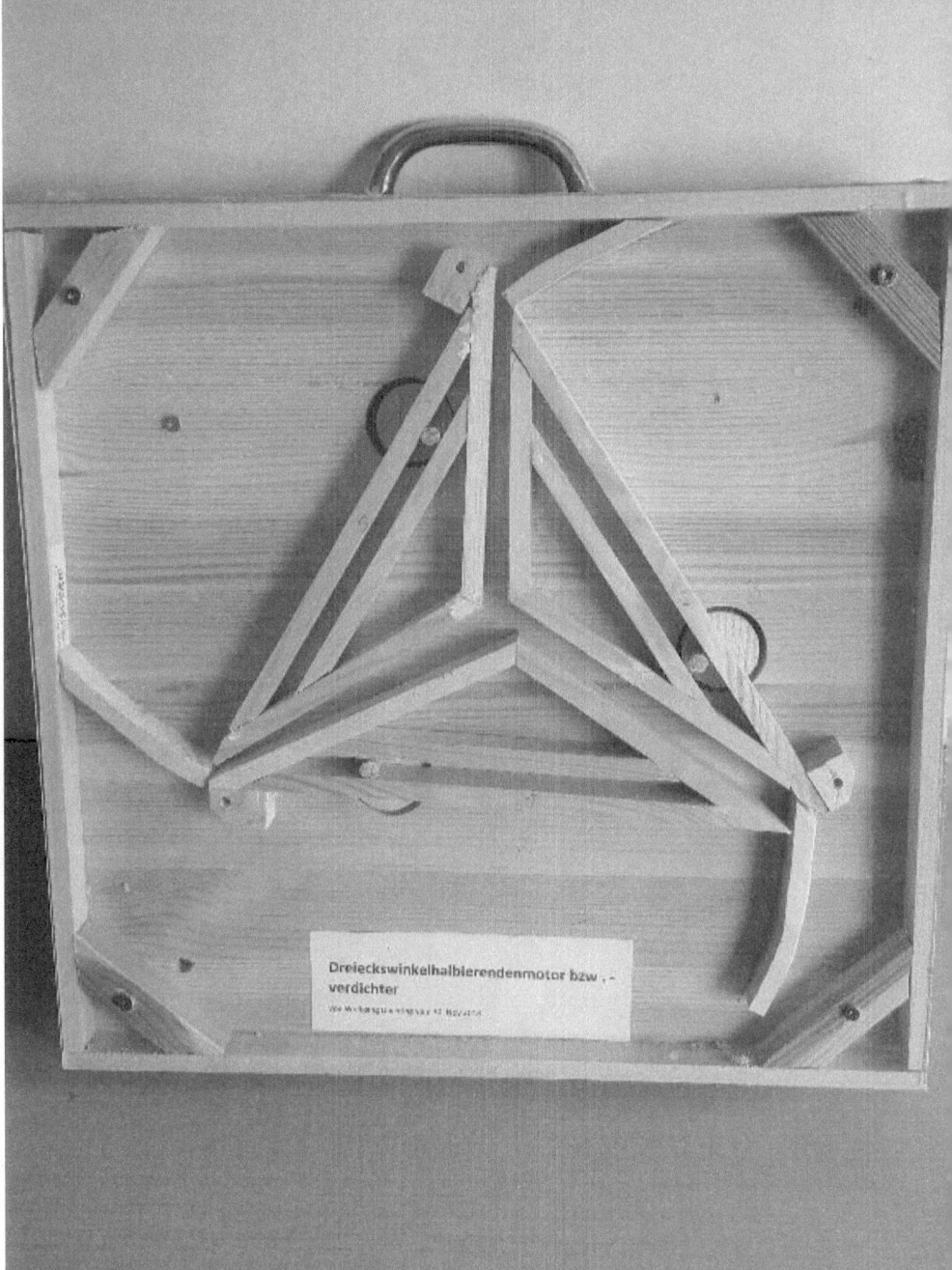

Dreieckswinkelhalbierendenmotor bzw.,-
verdichter

Der Dreieckskreiskolbenmotor bzw. – verdicht...
ein neuartiges Motoren- und Verdichterkonzept...
von Wolfgang Dürne...

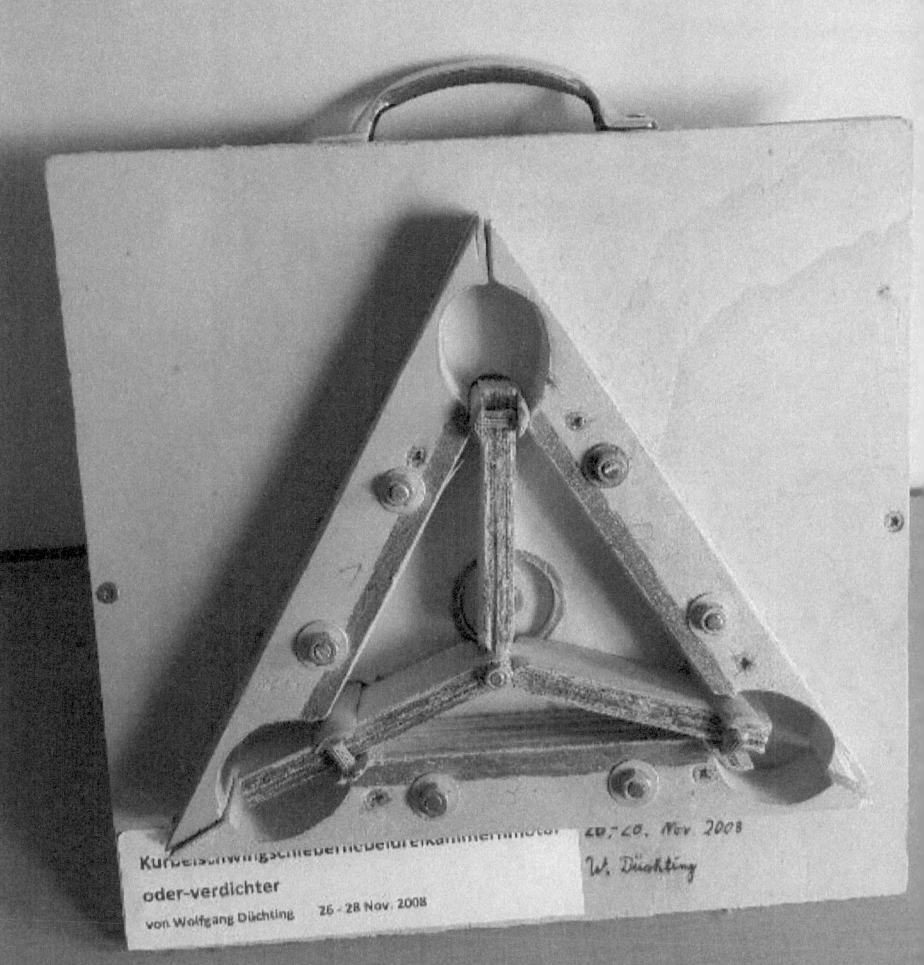

Kurbelschwingschiebehebeldreikammermotor
oder-verdichter

von Wolfgang Düchting   26 - 28 Nov. 2008

26.-28. Nov. 2008

W. Düchting

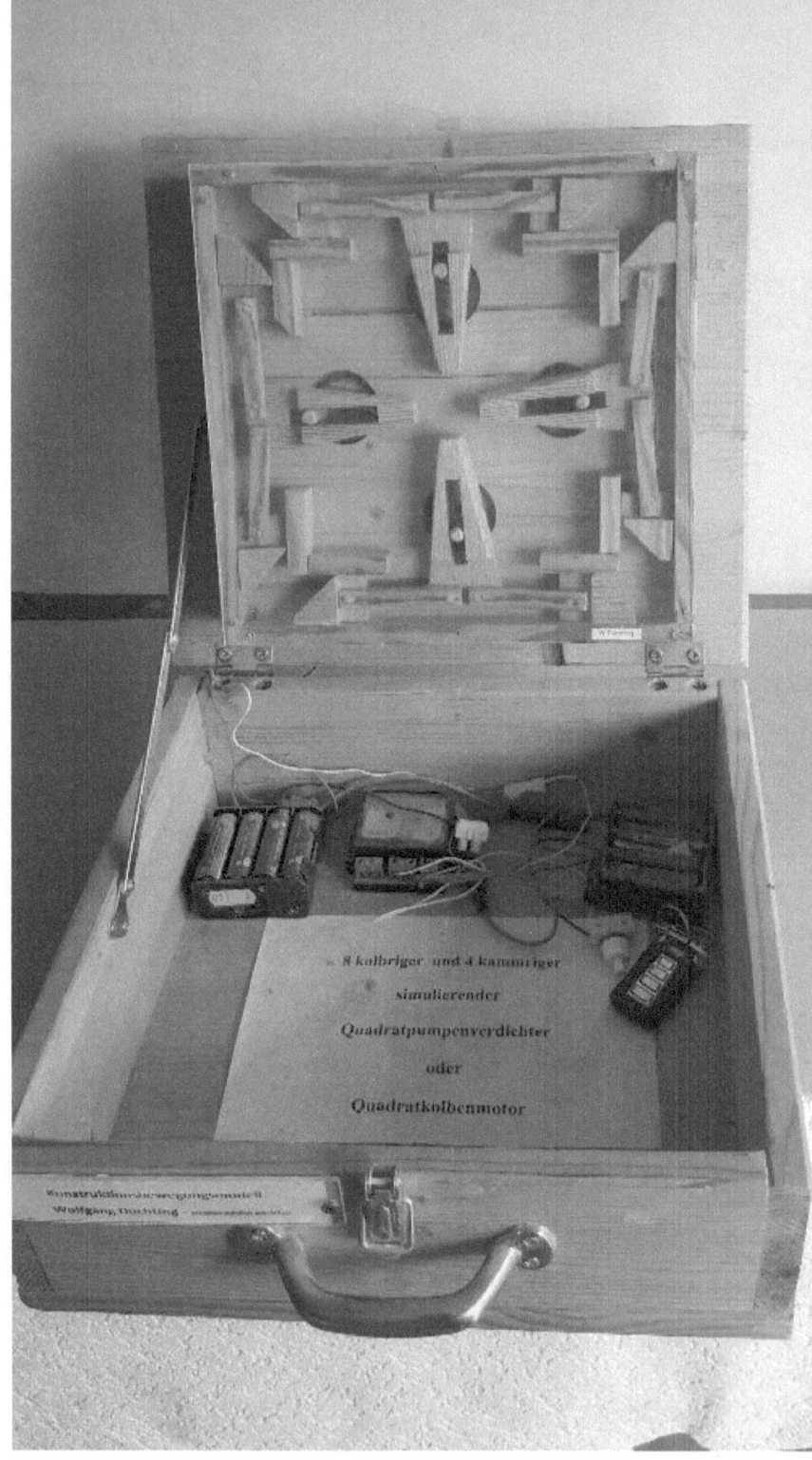

" 8 kolbriger und 4 kammriger

simulierender

Quadratpumpenverdichter

oder

Quadratkolbenmotor

Konstruktionsbewegungsmodell
Wolfgang Düchting — urheberrechtlich geschützt

Kinematisches Leuchtmandala

und

8 kolbriger und 8kammriger

Pumpenmotor

und

Schwenkkolbenmotor

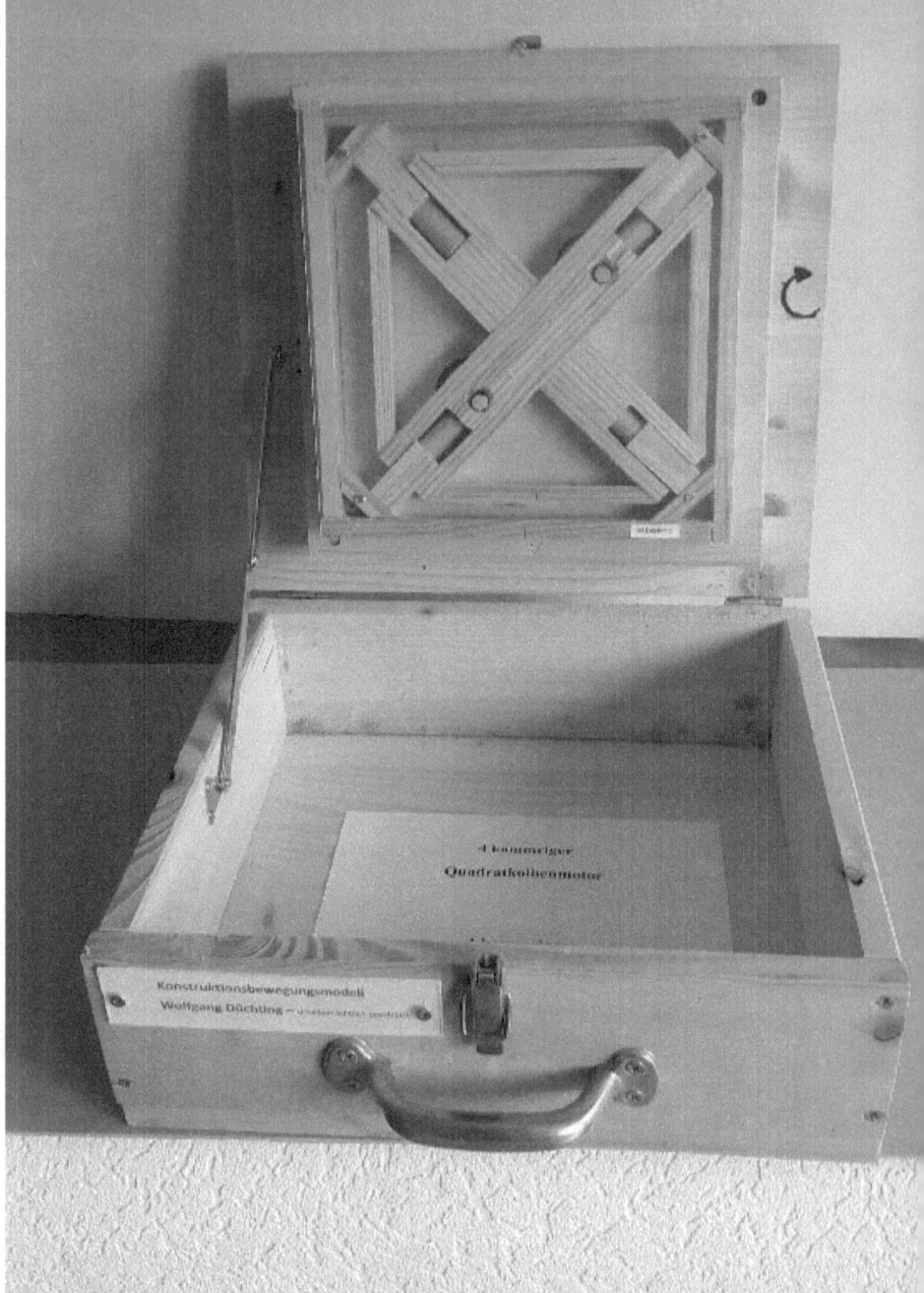

4 kammriger
Quadratkolbenmotor

Konstruktionsbewegungsmodell
Wolfgang Düchting – urheberrechtlich geschützt

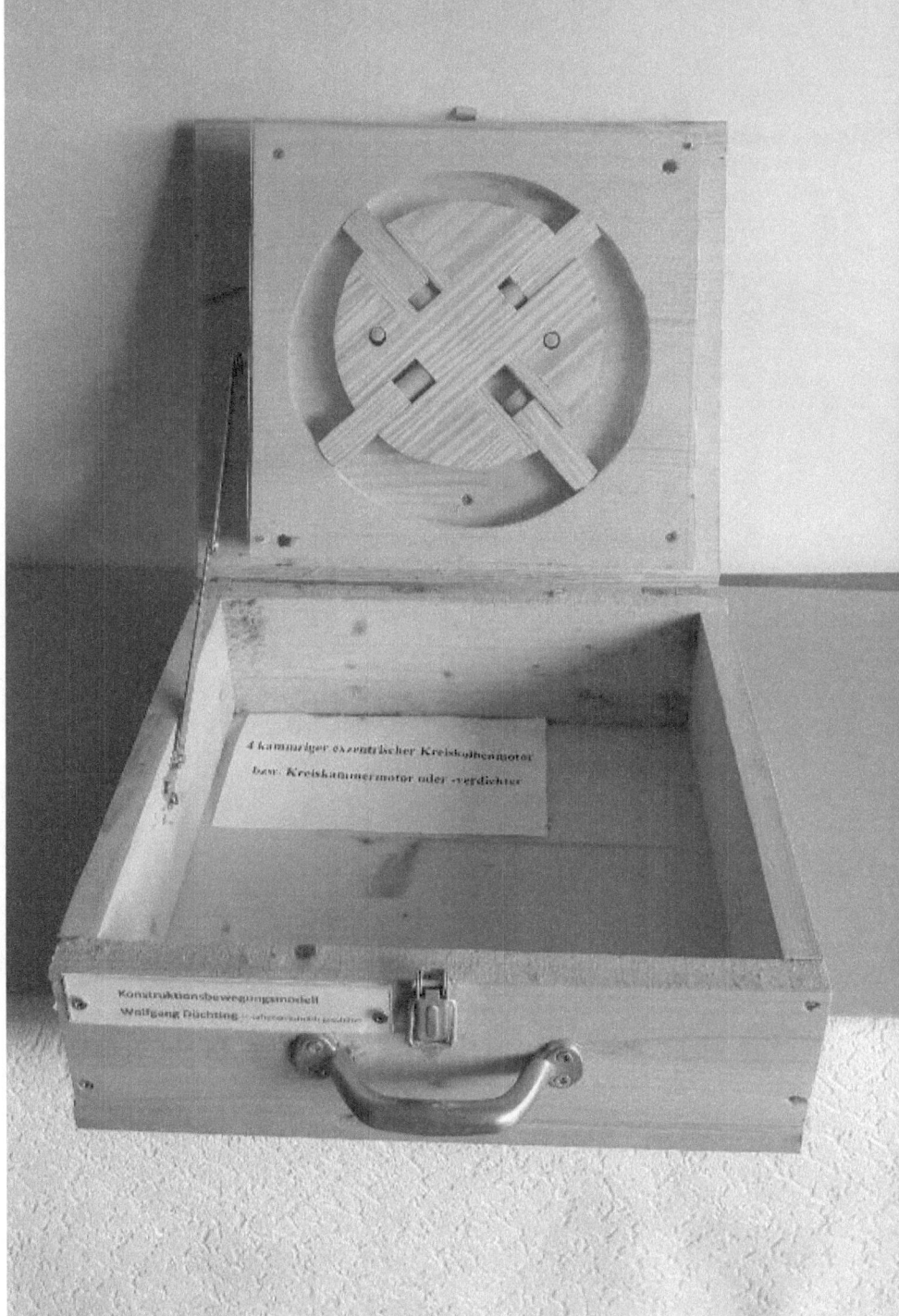

4 kammriger exzentrischer Kreiskolbenmotor
bzw. Kreiskammermotor oder -verdichter

Konstruktionsbewegungsmodell
Wolfgang Düchting · rechnerisch geschützt

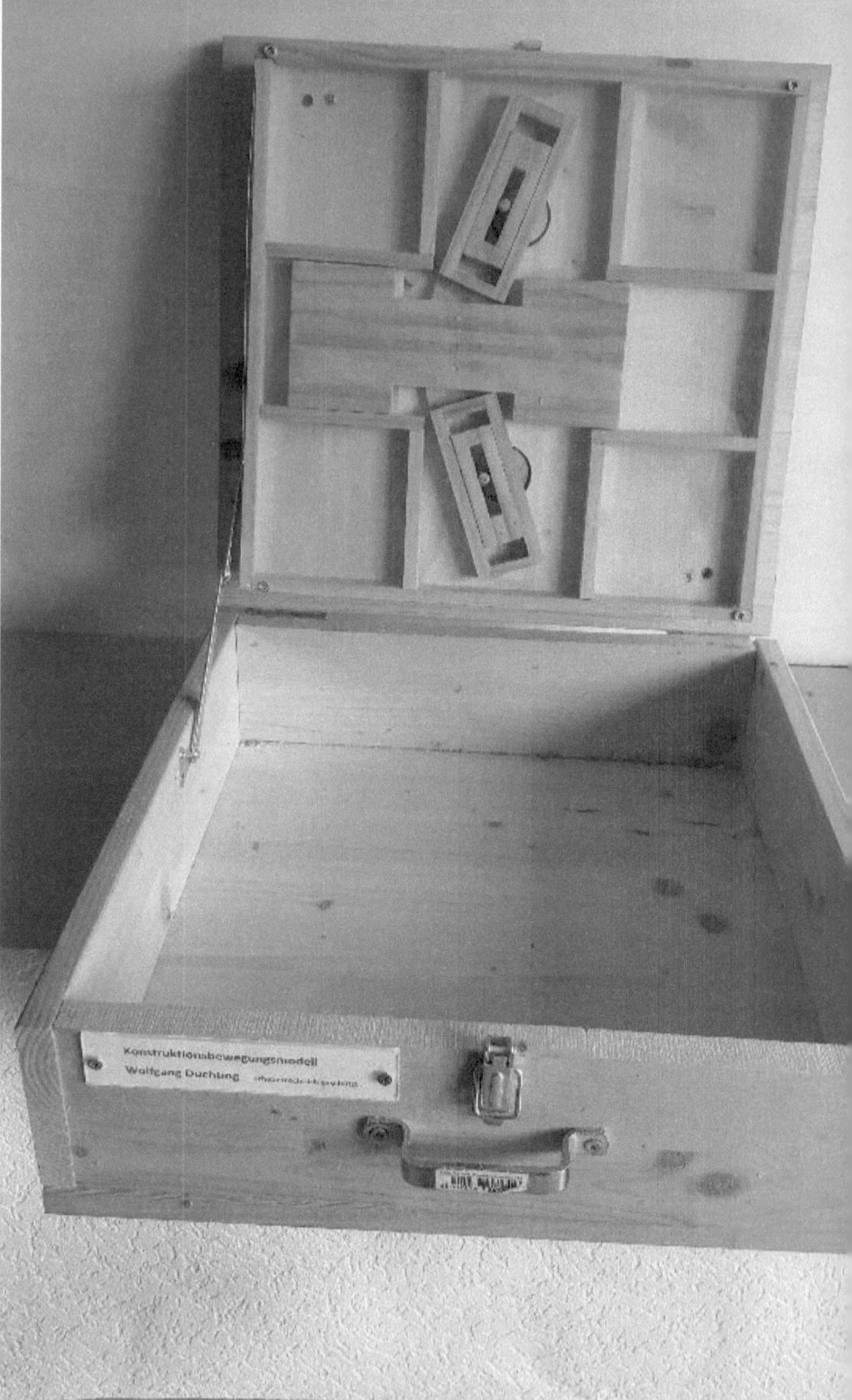

Konstruktionsbewegungsmodell
Wolfgang Duchting

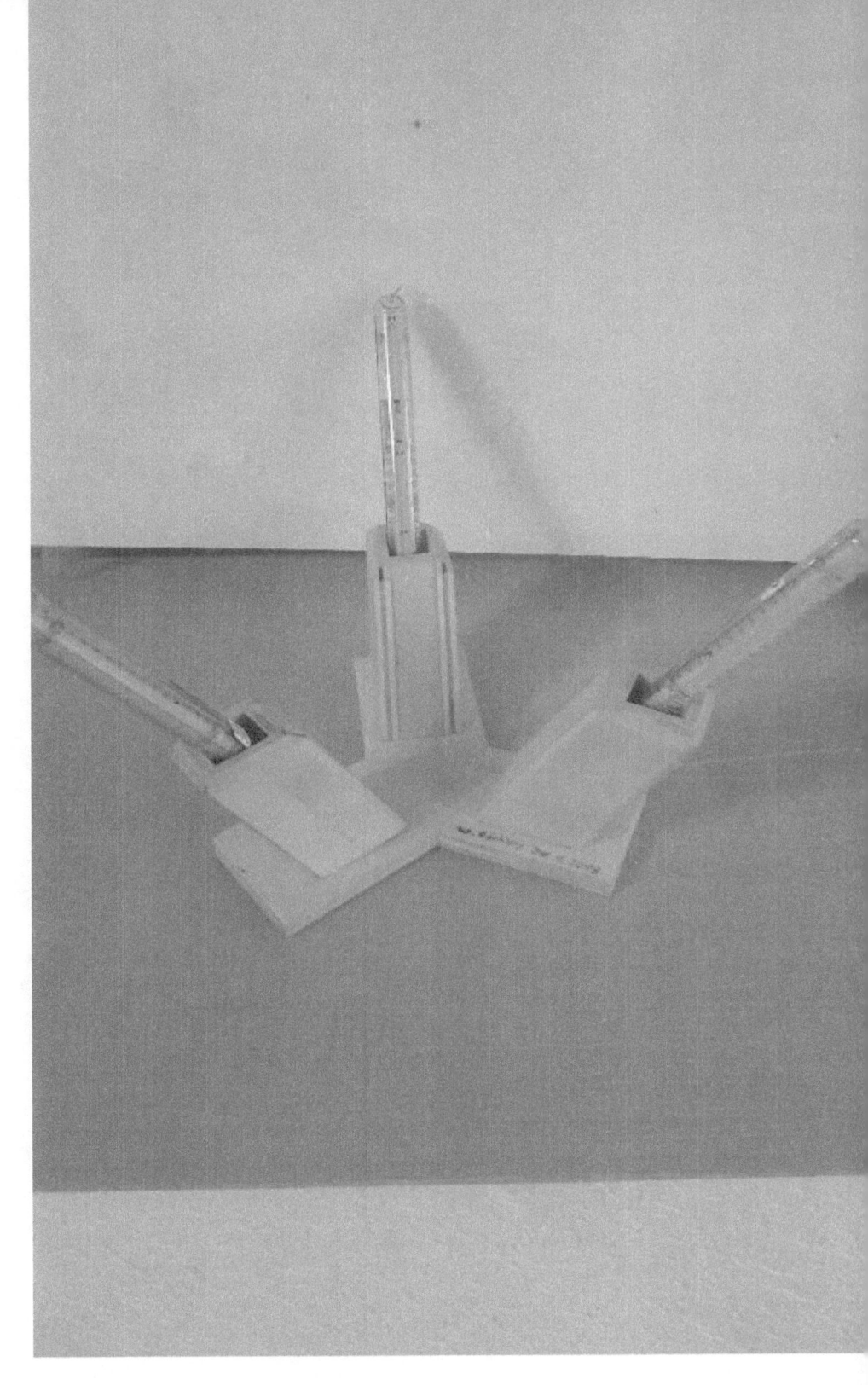

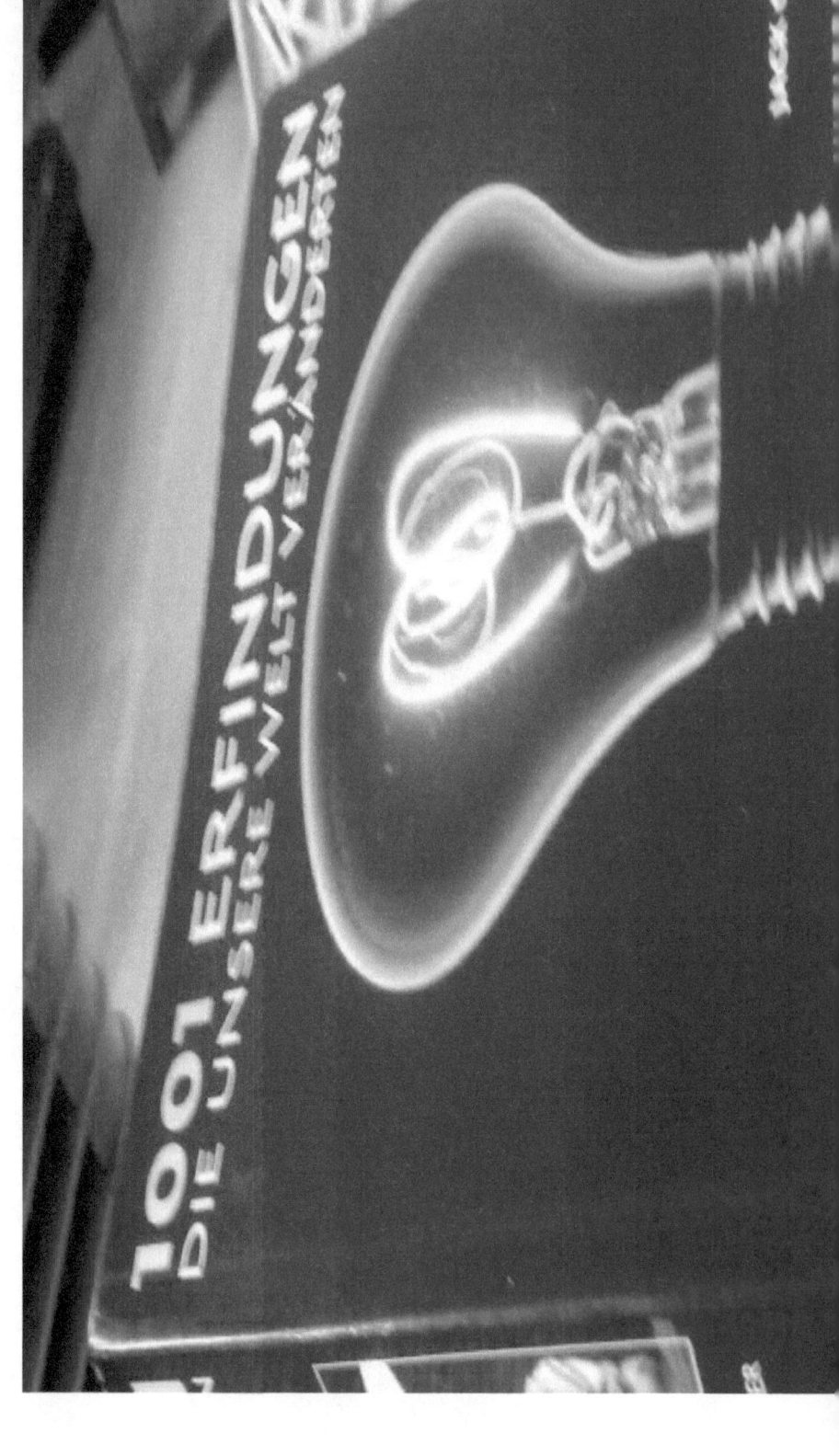

1001 ERFINDUNGEN
DIE UNSERE WELT VERÄNDERTEN